鹤

[美] 梅利莎·吉什 著

王蓓绮 译

浙江出版联合集团

浙江文艺出版社

Published in its Original Edition with the title
Storks
Copyright © 2016 Creative Education.
This edition arranged by Himmer Winco
© for the Chinese edition：Zhejiang Literature and Art Publishing House

本书中文简体字版由北京 Himmer Winco 永固興碼 文化传媒有限公司独家授予
浙江文艺出版社有限公司。
版权合同登记号：图字：11-2015-321号

图书在版编目（CIP）数据

鹳／（美）梅利莎·吉什著；王蓓绮译. —杭州：
浙江文艺出版社，2018.1
ISBN 978-7-5339-4780-4

Ⅰ．①鹳… Ⅱ．①梅… ②王… Ⅲ．①鹳形目－普及
读物 Ⅳ．①Q959.7-49

中国版本图书馆CIP数据核字（2017）第036894号

策划统筹 诸婧琦　　　责任编辑 陈富余
装帧设计 杨瑞霖　　　责任印制 吴春娟

鹳

作　者　[美]梅利莎·吉什
译　者　王蓓绮

出　版　浙江出版联合集团 浙江文艺出版社
地　址　杭州市体育场路347号
网　址　www.zjwycbs.cn
经　销　浙江省新华书店集团有限公司
印　刷　上海中华商务联合印刷有限公司
开　本　889毫米×1194毫米　1/12
印　张　4
插　页　4
版　次　2018年1月第1版　2018年1月第1次印刷
书　号　ISBN 978-7-5339-4780-4
定　价　29.80 元（精）

冬末的美国佛罗里达州大柏树国家保护区，

沼泽星罗棋布，遍布锯齿草。

这个季节的沼泽开始干涸，许多小鱼被困在泥水里。

一群木鹳（guàn）从空中飞过。

冬末的美国佛罗里达州大柏树国家保护区，沼泽星罗棋布，遍布锯齿草。这个季节的沼泽开始干涸，许多小鱼被困在泥水里。一群木鹳从空中飞过。它们发现了地面上的这场退潮，而后像一群动作协调的舞者，优雅地滑向目标。它们伸出脚杆稳稳地扎入泥地里。几十条金色米诺鱼和食蚊鱼瞬间四散，但显然无处可逃。木鹳们张合着喙（huì）发出噼啪声，难掩兴奋之情。飨（xiǎng）宴开始了，不到几分钟，所有的鱼就都被抢食一空。酒足饭饱后，木鹳们开始休息，在胸前的羽毛上擦拭自己的喙。

突然，锯齿草丛开始摇晃，木鹳们感觉到了脚下大地的颤动。它们猛地振翅而飞，刚好躲过一头饥饿鳄鱼的魔爪，留下片片白色羽毛在空中飞舞。

它们住在哪儿

■ 白鹳
欧洲，中东，亚洲西南部，非洲西北部及撒哈拉以南非洲地区

■ 黑鹳
欧洲中部，亚洲，非洲南部

■ 木鹳
从美国南部到阿根廷

■ 亚洲嘴鹳
印度和斯里兰卡

■ 非洲嘴鹳
撒哈拉以南非洲地区

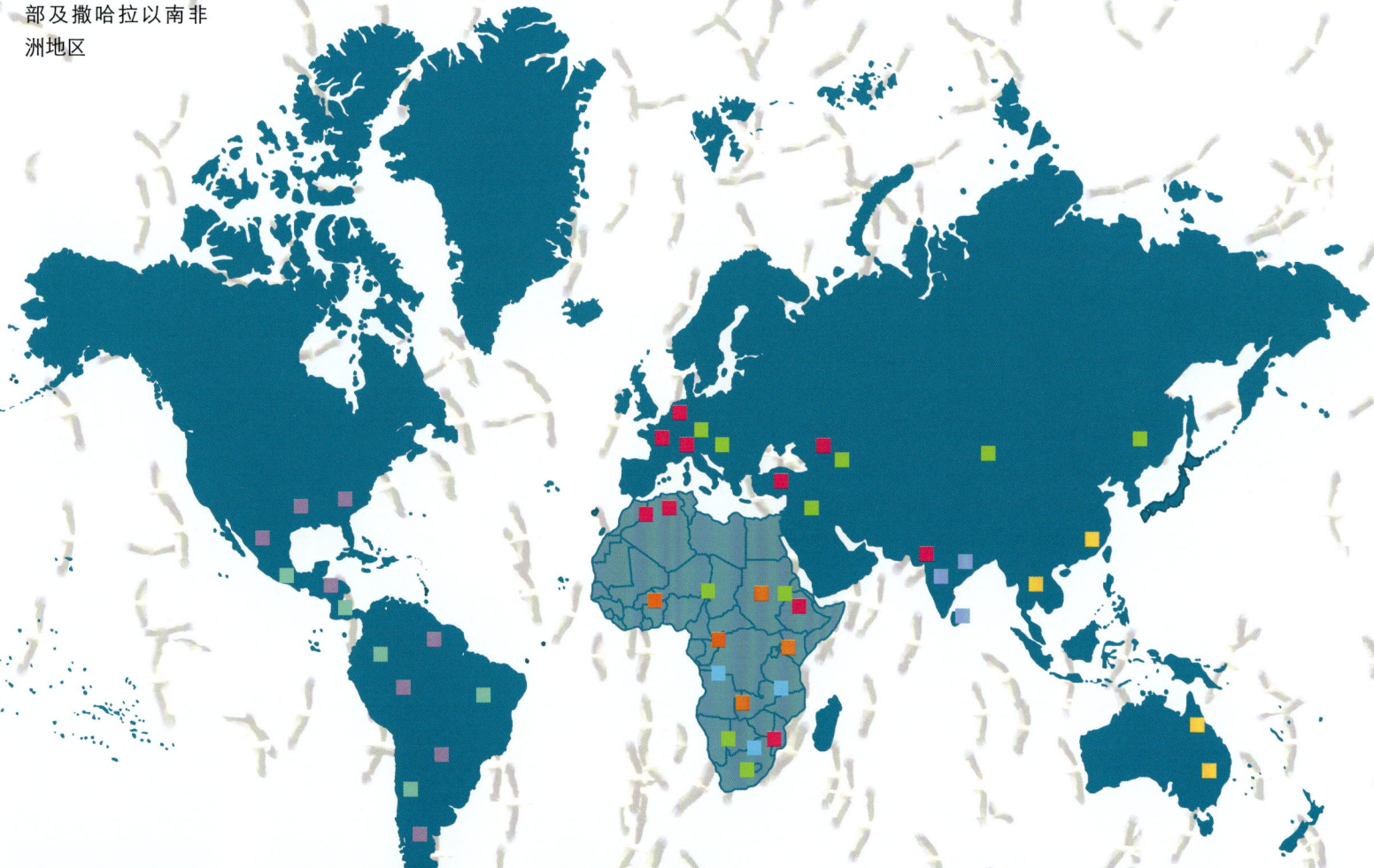

■ 秃鹳
非洲

■ 贾比鲁鹳
美洲中部和南部

■ 黑颈鹳
亚洲和澳大利亚

19种鹳广泛分布于地球上各种类型的栖息地，包括森林、稀树平原、沼泽和湿地。不同种类的鹳，有的数量巨大，有的则濒临灭绝。一些种类，如白鹳，每年会从北方迁徙到南方繁殖。图中用彩色方块标注的位置就是以上8种目前发现的鹳类的分布区域。

美丽的涉禽

鹳 类生活在除南极大陆之外的所有大陆。鹳这一名字可能来源于古日耳曼语 *sturkaz*（描述这种鸟类僵硬死板的姿态），使用这种语言的人主要生活在北欧，这里曾经生活着大量白鹳，至今如此。大多数其他种类的鹳更喜欢热带地区。现存的19种鹳都属于鹳科鹳形目，拉丁名*ciconia*，意思是"鹳"。许多其他涉禽，包括朱鹮（huán）、苍鹭、白鹭以及篦（bì）鹭曾经被人们归为鹳的同类，但DNA研究确定这些鸟类并不像人们之前想象的那样与鹳类关系紧密。鹳有着长长的腿和长长的喙，飞行时相比其他涉禽振翅更频繁，更依赖于滑翔。一些鹳类更喜欢干燥的栖息地，但大多数鹳喜欢沼泽、池塘以及溪流。

有6种鹳类仅生活在亚洲地区。它们是白鹳鹳、黄脸鹳、大秃鹳（这三者都是濒危动物），以及白头鹳鹳、秃鹳、亚洲钳嘴鹳。黑颈鹳被发现生活在亚洲和澳大利亚。杂色鹮鹳和贾比鲁鹳仅在墨西哥、南美洲及其附近一些岛屿上被发现。北美洲的孤鹳属于木鹳的一种，也生活在南美洲

美洲红鹮主要分布在南美洲最温暖的地方和加勒比群岛。

鹳在北欧和南非之间迁徙，往返距离可能会超过两万千米。

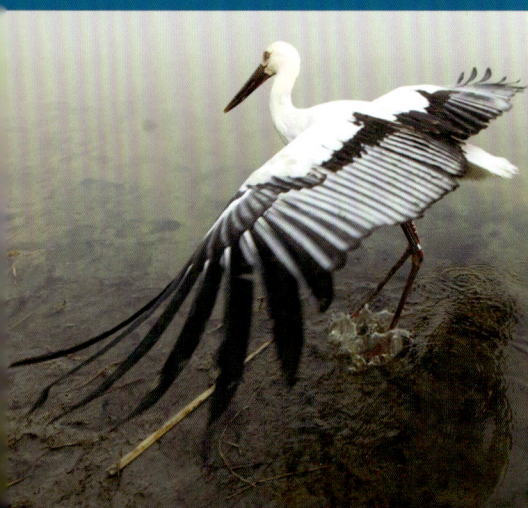

东方白鹳可以长到近1.5米高，翼展超过2.1米。

和加勒比海地区。濒临灭绝的东方白鹳的栖息地曾经从俄罗斯延伸到韩国，但目前只生活在俄罗斯和中国的部分地区。五种鹳只生活在非洲。它们是黄嘴鹳、白腹鹳、鞍嘴鹳、秃鹳和非洲钳嘴鹳。绒颈鹳生活在从非洲西部、亚洲大部分地区到印度尼西亚的大片区域。有两种鹳在欧洲度过夏天然后迁徙到非洲过冬，它们是白鹳和黑鹳。黑鹳也能全年生活在南非的南部偏远地区。

作为鸟类，鹳是恒温动物，长有羽毛，有喙，用双脚行走，产卵。所有的鹳都是大型鸟类。最小的鹳是白腹鹳，站立身高近0.8米，体重大约1千克。最大的鹳是秃鹳，站立身高约1.5米，体重9千克左右，平均翼展近3.5米，是所有鸟类中最大的。

鹳的羽毛被称为羽衣，呈现出从白、灰到黑的不同色彩。不同种类的鹳的羽毛有着不同的样式，包括带有彩虹光泽的黑色羽毛。白头鹮鹳有粉色和橙色的标记，而白腹鹳的脸部会有蓝色的标记。鹳的喙有黑色的、黄色的，也有红色的。

大部分鹳以青蛙、鱼类、昆虫和蠕虫为食。

白腹鹳是以19世纪一位苏丹政
府官员的名字命名的。

雄性鞍嘴鹳的平均身高1.5米，可能是世界上最高的鹳。

有些鹳是食腐动物，吃动物尸体。这些鹳的头部和颈部是粉色或者浅红色的没有羽毛的裸露皮肤，这能有效避免它们的羽毛沾上泥土或者血。鹳的喙由角蛋白组成，这和组成人类指甲的物质相似。不同种类的鹳，喙的形状因其所吃的食物不同而有所区别。食腐的鹳有着大型的、厚实的、锋利的喙，这样有利于它们更好地撕开动物尸体。木鹳和其他涉水的鹳类有着灵敏的喙，便于它们以迅雷不及掩耳之势捕食擦身而过的猎物。其他美洲的鹳通常喜欢在清澈的水中狩猎，用它们长长的、梨形的喙刺穿看到的青蛙和鱼。这些鹳甚至会猎杀蛇类和其他一些小型爬行动物，包括短吻鳄幼崽。钳嘴鹳有一个特殊的喙，便于它们吃软体动物——这是它们主要的食物来源。这种鹳可以将蜗牛、蛤蜊（gé lí）或者蚌类抵在地上，同时将这些软体动物的肉在外壳里刮松，然后把肥美的肉掏出来，成为它们的美餐。

鹳有着十分强大的视力，它们能洞察猎物的一举一动并马上做出反应。鹳的眼睛有一层透明的眼睑（jiǎn），是从前往后闭上的。这层透明的

濒临灭绝的大秃鹳只在柬埔寨的偏远地区和印度东北部繁殖。

雌性鞍嘴鹳拥有黄色的眼睛，而雄性的眼睛是棕色的并且比较小，黄色的垂肉挂在喉咙下面。

黑鹳有明显的"结构性色彩"，这是由于光和羽毛层的相互作用引起的。

黑颈鹳在澳大利亚有时候会被叫作裸颈鹳，但是真正的裸颈鹳是生活在美国的。

眼睑可以拂拭它们眼球上的脏东西，并且能够保护它们的眼睛不被挣扎的猎物弄伤；同时，它也能保护鹳敏感的瞳孔不受阳光的直射。鹳是通过发出咕哝声和嗞嗞声来交流的，这是因为它们缺少鸟类的鸣管——鸣管是鸟类发出声音的器官。但它们也会用鸟喙的上半部分和下半部分来发出噼啪声。这个噼啪声会连同点头和展翅等肢体语言，用以表达许多内容，比如对入侵者的攻击或者产生了交配的兴趣。

鹳纤长的双腿可以帮助它们在涉过深水或者沼泽地时身体免于被弄湿。当鹳收起腿时，膝盖处弯曲，略带脚蹼（pǔ）的足趾收在一起。当它迈步时，足趾展开，分散自己的重量，让它不至于陷入泥地或湿的沙地里。就像很多鸟一样，鹳的足趾长短不等，有三个脚趾向前，另外一个脚趾向后。

现代鹳的骨骼中空，这保证了它们的重量，有利于飞行。鹳的翅膀十分有力，又长又宽，使它们能够不借助翅膀的振动就可以滑翔很长一段距离。在开阔的空间里，尤其是在非洲一带，鹳

年轻的亚洲钳嘴鹳缺少成年鹳嘴部特有的缺口。

2013年，英国研究人员开始研究
近几年少数欧洲鹳冬天迁徙到非洲
的原因。

会乘着向上的暖气流高飞好几个小时，也不用扇动翅膀一次，因此，它们宁愿选择盘旋飞翔也不愿沿着一条直线飞翔。鹳也经常乘着全球气流迁徙，这也是它们每年长距离迁徙的主要方式。2003年，一项由以色列特拉维夫大学的生物学家展开的研究发现，白鹳在欧洲和非洲之间的迁徙过程中，往南飞的飞行速度比往北飞时更快，这是因为气流方向向南时，给鸟类提供了顺风的动力，推动着它们前进。

秃鹳又叫殡仪鸟，有黑色的羽毛和几乎光秃的脑袋。

在白鹳南迁回非洲之前，它们通常会在欧洲大陆求爱和繁殖。

生命的悸动

鹳 在3—4岁时，已经成年并且准备好了交配。鹳实行"一夫一妻制"。一对鹳一旦决定交配，它们就会共同建筑鸟巢，在繁殖季节出双入对，其他时间则独自行动或和其他的鹳一起，并且在每个繁殖季节返回自己的鸟巢。鹳会对自己的鸟巢形成依附和忠诚，而不是对配偶。如果一只雄性的鹳被其他雄性从鸟巢赶走，那么雌鹳将会留在鸟巢中和新的伴侣交配。

鹳的繁殖季节也会随着不同地理区域区别很大，并且和季节性的食物供给有着紧密的联系。热带鹳在雨季繁殖，因为那时候有大量的昆虫和毛毛虫。比如像秃鹳这样的鹳类，它们生活在非洲大草原，会选择在旱季繁殖，那时水源干涸，许多虚弱的动物因为缺水而死亡，这正好成了秃鹳们的腐肉"大餐"。欧洲白鹳和美洲木鹳会在3月或者4月到达繁殖的地点，以便幼鸟能在鱼类、青蛙和昆虫最丰富的夏季成长。

雄鹳会比雌鹳提前几天到达繁殖地点，它们用这个时间来维修和加固前一年建的巢。雌鹳到达后，也会协助雄鹳准备鸟巢。一般来说，鹳

年轻的白头鹮鹳最终还是会远离它们的父母，但是作为成年鹳来说，它们迁徙得非常少。

每年都会有几千只白鹳在迁徙途经叙利亚和黎巴嫩时被枪击，因为在那里鸟类被认为是有害动物。

钳嘴鹳会与其他迁徙的鹳类一起把它们的巢建在印度的Uppalapadu鸟类保护区。

会把巢建在树顶或者很高的建筑物——例如电线杆、屋顶和烟囱上，有时候它们也会把巢建在岩石之间甚至地面上。鹳的巢是由小木棍和细树枝做成的，内部充满了苔藓、草皮和其他一些柔软的材料，它们每年都会加筑鸟巢，使之变得更大更深。鸟巢的尺寸可以达到1.8米宽，2.7米深。在欧洲的部分地区，白鹳的巢被认为是珍宝，有些甚至已经使用了数百年。

许多种类的鹳，包括白腹鹳、木鹳和黄嘴鹮

鹳都喜欢把巢建得一个挨着一个，这就形成了群体筑巢，这些在一起的鸟巢被称为鹳的群栖地。多达几千对鹳会在群栖地筑巢。其他一些鹳包括黑颈鹳、凹嘴鹳和黑鹳，会单独筑巢，偏爱把巢建得远离其他鸟类。一旦鸟巢落成，鹳就会进行求爱仪式。有些鹳十分引人注目，雄性白鹳把它的头部向后伸展，长长的脖子就出现了一道优美的曲线，头部自然地触摸到了背部，然后它就会得意地前后摇晃脑袋。有时它会边扑棱翅膀边进行上述动作。受到感染的雌鹳可能也会加入其中。其他的鹳把这个动作简化，比如雄性黑鹳会一边扇动尾巴一边上下点头。所有的鹳在求偶时都会发出很大的声音，它们彼此用嘴巴不停地发出噼啪声、唑唑声，这个行为增强了鹳的配偶关系，为它们养育下一代做好准备。

　　在一年一度的繁殖中，雌鹳会以一天一个蛋的频率下2—6个蛋，这样被称作一窝。和所有的鸟蛋一样，当雏（chú）鹳在蛋中生长时，它们必须被孵化或者保持温暖。鹳鸟父母双方轮流轻坐在鸟巢中，把蛋护在它们的胸部和翅膀下。

白鹳的巢重量可超过230千克，有时会导致烟囱和阳台坍塌。

非洲钳嘴鹳在其他地方数量很多，但在南非是十分稀有的，城市的发展使得它们的栖息地被破坏。

鹳的蛋有11厘米长，约中等大小鸡蛋长度的两倍。

农民也会从鹳那里得到好处，因为它们能吃掉蝗虫、黏虫和其他一些农业害虫。

鹳孵蛋的时间持续28天到37天。经过这段时间以后，雏鹳会使用它们的卵齿打破坚硬的蛋壳，接着就破壳而出了。新孵化的雏鹳弱不禁风并且无法站立，大部分的体重不超过85克，它们只有稀少的绒毛覆盖在身体上，但绒毛在接下来的几天会慢慢增厚。无助的雏鹳只能依靠父母来喂养。父母会先把食物存入自己的嗉囊（sù náng），带回巢中，经过反刍，再将已经软化的混合物喂到雏鹳的嘴中。

雏鹳成长得十分迅速，这得益于它们每天能够狼吞虎咽地吃掉相当于它们体重60%的食物。大约3周过后，细小的羽毛会出现在它们的绒毛之中，此时，雏鹳就已经变成幼鹳了，它们开始尝试着站立和扑棱瘦弱的翅膀。大多数幼鹳到了4周大，羽毛已经完全取代绒毛的时候，就能飞翔了。当它们变强大后，年轻的鹳可能会离开鸟巢去探索周围的环境，但是它们还是会返回父母的身边，以便父母继续至少一个月的喂食。大约在两个月大的时候，年轻的鹳会离开它们的家，不再回去。

黑颈鹳不仅会喂食给它们的孩子，还会将水倒入幼鹳的嘴中。

白头鹳鹳在2—4岁之间才会长出它们色彩斑斓的羽衣。

不过许多幼鹳很难长大。在美洲，会爬树的浣熊和山猫是捕食幼鹳的主要食肉动物，短吻鳄和凯门鳄也经常会把幼小的鹳拖进水中，同时，毫无防备的幼鹳还会被其他鸟类从巢中带走，成为它们的猎物。在非洲和亚洲，像豹子这样的食肉类猫科动物也会突袭鹳的巢穴。人类对幼鹳的死亡也同样负有不可推脱的责任，德国科学家在2011年的一项研究中发现白鹳幼崽的肺部受到了真菌感染，这很有可能是空气污染造成的。2006年，波兰的动物学家发现，过多的垃圾污染物也是幼鹳致命的原因。超过20%的被研究的白鹳腿部有骨折现象，这是由于鹳鸟父母用来筑巢的材料中掺杂着塑料碎片引起的。

　　大部分的鹳，比如木鹳，如果能在第一年幸存下来，那么它们将可以在自然环境下生活18年。像白鹳等种类，可以存活25年到30年。人工饲养的鹳因为营养充足且没有食肉动物的威胁，甚至能活得更久。一只日本人工繁殖项目中的东方白鹳，在2007年死亡时是35岁的高龄，这是历史记录中最长寿的鹳。

人类和鹳被迫共享一个岛屿时，鹳只能忍受人类活动带来的后果，例如乱扔垃圾。

神话故事中鹳和婴儿之间的联系至今仍然存在，如图所示，这是2011年播出的《欢乐合唱团》中的画面。

送来婴儿

自古以来，鹳就常常出现在故事和神话传说中。因为它们活得长久并且遵循着严格的迁徙模式，在许多文化中变成了长寿的象征。在古埃及，鹳的形象被用来象征"ba"这一词语，这是一个形容物品或者人精神和品格的词。埃及人相信"ba"在人死后还会留存，一些画和雕像也描绘了鹳的身体会和人类的头连在一起，这预示着"ba"离开了身体后会飞向来生，并且将会永存。鹳和新生婴儿在古希腊被首次联系起来。根据神话中所说，Gerana是一个不尊重希腊众神的女人，作为惩罚，女神赫拉把Gerana变成了一只鹳，Gerana因为十分想念小儿子Mopsos，屡次尝试把儿子带走，可是都被家人阻挠，甚至家人都没有认出她。

Gerana 的故事被复述了数千年，神话中的鹳演变成了送子的象征。在斯拉夫民俗中有这样一个说法：未出生婴儿的灵魂储存在一个叫 Iriy 的和平之地，鹳会去那个地方收集婴儿，然后将它们送到准父母手中，鹳用喙叼着用毛毯包裹着的婴儿在空中飞翔，这个形象至今仍然存在。在

这是公元前2400年埃及皇室家族的仆人Ti的墓穴内的壁画，其中包含着鹳的图像。

《草原野火》描绘了鹳群站在正在燃烧的草地边缘，捕捉逃离的昆虫和其他猎物的场景。

1941 年的迪士尼电影《小飞象》中，鹳先生为 Jumbo 太太带来了她的小婴儿；在 2009 年的皮克斯短片《暴力云与送子鹳》中，鹳群不仅帮人类送去孩子，同时还会帮助其他动物；2015 年华纳兄弟电影《鹳》中，鹳作为主角也依旧忙碌。

在 19 世纪的德国，鹳被视为"好运护身符"。人们在房子的屋顶上设置平台，方便鹳在这里筑巢。丹麦作家汉斯·克里斯蒂安·安徒生在 1838 年创作的《鹳》的故事中，却提出了鹳这一形象的阴暗面。鹳的一家把巢建在屋顶上，却被一群男孩威胁嘲弄，以一个特别淘气的男孩为首，那群男孩唱的歌里都是关于如何杀死和烘烤鹳的方法，只有一个好心的小男孩拒绝加入他们的行列。幼鹳因为这些歌曲害怕了很久，当它们长大到能够飞翔时，母亲告诉它们如何报复恶劣的领头男孩。它们飞到一个神奇的池塘，那里有刚出生的婴儿在水底睡觉。它们把两个漂亮的婴儿从水里捞出来带到了好心男孩的家中，有了小弟弟和小妹妹的男孩非常开心；然后鹳返回池塘捞出一个因沉睡太久而死去的婴儿，带给淘气调皮的男孩，

让他明白残忍的代价。

　　鹳在《伊索寓言》中也是个重要的角色。伊索是古希腊讲故事的传奇性人物。在一则故事中，青蛙请求主神宙斯赐一个国王来统治它们，宙斯在它们的池塘中扔下了一段木头，青蛙们被溅起的巨大水花吓了一跳，但随即就开始取笑这件事情。因为木头只能简单地浮在水面，并不会动，它们又开始乞求宙斯给它们一个统治者，宙

鹳会每年修复和扩大它们的巢，这能够防止蛋和幼鹳掉落，确保它们的安全。

鹳鸟

尤金·菲尔德

昨夜，鹳鸟轻轻走来。
翅膀下，
一个小婴儿被包裹在无梦的睡眠中。
从一片银色海洋边遥远的宝贝国度，
你给我和我亲爱的她带来了一件无价的珍宝。

昨夜，我亲爱的她听到——
喂，亲爱的，你知道这个声音。
是我们亲爱的鹳鸟在寻找我们的家。
——在许多次经过我们家之后。
在你温柔的怀里，我找到了鹳鸟从遥远的国度
带来的最美丽的珍宝。

昨夜，一个小婴儿醒了。

充满了陌生和新鲜感，
小婴儿要见到鹳鸟带自己来到的这个家庭和家里
的亲人。
我相信你会喜欢他们的——
因为你既不怒目圆睁也不哭闹伤怀。
但比起我，你更加紧紧地依偎着我亲爱的她，
甜甜入睡。

昨夜，我的心感到一阵狂喜。
哦，我的心欢乐地唱起灵魂之歌，
照亮了我前行的道路。
这是鹳鸟从遥远的国度为我和我亲爱的她
带来的珍宝。
对着这亲爱的小宝宝，
唱起我最甜的爱之歌。

斯就把鹳送到了池塘。这下青蛙们被鹳一只一只地吞掉了，剩下的青蛙只能躲躲藏藏，意识到"希望新事物出现可能导致更糟糕的后果"这样一个道理。

另外一则以鹳为主角的故事揭示了一个不遵循金科玉律"己所不欲，勿施于人"的事情。有一天，一只狐狸决定对鹳搞一个恶作剧。它准备了鲜美的鱼汤邀请鹳共进晚餐，但是把汤装在了一个又宽又浅的碗里。当狐狸迫不及待地享用着鱼汤时，鹳却无法将它长长的喙浸到碗里。为了让狐狸知道自己做了个多么讨人厌的恶作剧，几天后，鹳也邀请狐狸一起吃晚饭，并用美味的肉来招待它，但炖肉的容器却是一个又高又窄的玻璃瓶。鹳津津有味地吃了起来，狐狸却只能舔舔掉落在玻璃瓶边缘的肉末，因为瓶口对于它来说太窄了。

在波兰，超过四万个白鹳鸟巢被认为是国宝。波兰的民间故事解释了鹳是如何到达这里的。很久以前，上帝发现地球上的青蛙、蜥蜴和蛇过量了，就把它们都放进了一个麻布袋，交给一个人，并叮嘱他把袋子丢到深渊里。但是这个人在好奇

1921年版的《伊索寓言》插图，由20世纪美国艺术家保罗·布兰森绘制。

1999年，乍得共和国把鞍嘴鹳列入了他们的六种非洲鸟类邮票系列中。

白头鹮鹳被人看见过在水面下张开嘴巴，用它的翅膀将鱼赶向自己的嘴。

心的驱使下，就想看一眼袋子里的东西。在他打开麻布袋的一瞬间，里面所有的生物都逃到了沼泽地。于是上帝把这个人变成了一只鹳，命令他找到每一只青蛙、蜥蜴和蛇，这就是鹳会在沼泽地中捕捉这些生物的原因。

邮票也是国家展示其重要象征的一种方法。鹳在它们的自然栖息地觅食，在屋顶上的巢中照顾幼鹳，在天空中穿梭飞翔的美丽画面出现在几十个国家的邮票艺术品上。一张 2013 年的立陶宛邮票将白鹳尊为国鸟；一张阿尔及利亚的邮票描绘了白鹳飞越清真寺的画面；一张俄罗斯的邮票展现了在遍布世界各地的屋顶上筑巢的鹳——这些象征着鹳遍布全球。印度已经发行了大量鹳的邮票，其中有东方白鹳、白鹳、白头鹮鹳和大秃鹳。

澳大利亚和日本，分别对黑颈鹳和东方白鹳表达了敬意。格林纳达尊敬木鹳，索马里则尊敬秃鹳。纵观历史，鹳在好运气、生育能力和家庭关系上也一直保持着受人敬畏的地位。在世界范围内，鹳都被认为是好运的象征，人们都相信猎

杀鹳或是损毁它们的巢会带来厄运；在许多国家，那也是一种违法行为。

白头鹮鹳的普通膳食除了鱼类之外，它们还会捕捉青蛙和蛇。

鲸头鹳曾经被归为鹳家族的一员,现在被认为是介于鹈鹕和鹳之间的一个物种。

居无定所的鹳

所有的鸟都是由几百万年前就存在的骨骼中空的爬行动物演变而来的，将爬行动物和鸟类联系起来的是始祖鸟——一种兼有羽毛翅膀和牙齿的生物，但它早在1亿多年前就灭绝了，只有其他一部分似鸟的生物还在继续进化。东半球最古老的鹳鸟化石可以追溯到3000万年前，埃及发现的化石遗骸显示：大多数史前鹳鸟的大小和体形跟现代的鹳鸟相同。一些类似史前鹳鸟的生物住在澳大利亚已经有3000万年之久了，但是两个种类特殊的化石遗骸在2005年被古生物学家发现——它们的尺寸要小得多。研究人员相信这个变异是由于鹳吃了不同的猎物造成的，这意味着这些品种没有经历过食物之争。所有在澳大利亚的早期鹳都已经灭亡了，如今也只有黑颈鹳还存在着。

在西半球发现的鹳鸟化石比在东半球发现的要更加古老，体形也更小。2009年，智利科学家在南极洲的乔治王岛发现了一块有鹳鸟脚印的化石，距今至少已经有5000万年了。脚印的尺寸范围大概在1.9—6.4厘米之间。从历史上看，居住

国际鸟盟每年都会组织在欧洲、非洲和亚洲进行白鹳鸟巢和后代数量的普查。

较小的鸣鸟，例如麻雀和鹪鹩（jiāo liáo）会把巢筑在鹳巢的棍棒和树枝之间比较开放的空间。

史前鸟是一种水禽的近亲，生活在距今大概250万年的非洲西北部。

在美洲的鹳是由亚洲鹳演变而来的。在乔治王岛上的发现却表明，在数百万年前，新世界鹳可能起源于南极大陆葱翠的热带雨林。

2010年，一种与众不同的鹳在印度尼西亚的弗洛雷斯岛被发现。石化的翅膀和腿的碎片证明了这是非洲秃鹳祖先的遗骸，它站立的身高有1.8米，体重约16千克。这种居住在岛上的鸟类被叫作"巨型秃鹳"，体形大约是那一时期人类的两倍，而早期的人类仅仅只有1米高。2004年，人类学家发现了这些人类的化石，当时叫作弗洛雷斯人，后来被取了"霍比特人"的绰号。这些小小的人和巨型鹳共享弗洛雷斯岛，直到17000年前，岛上一场重大的气候改变使得这两个物种都灭绝了。

尽管在全世界范围内所有种类的鹳的数量都在逐步减少，但大部分种类还有足够的数量，被世界自然保护联盟（IUCN）列入动物保护名册中最低关注度的一档。然而一些品种还是濒临灭绝。曾经，从俄罗斯到日本，东方白鹳的数量丰富，现如今，东方白鹳的数量却不到3000只。由于农

业生产、水源污染、过度捕鱼和人类狩猎导致它的湿地栖息地被破坏，大量东方白鹳不得不离开韩国和日本。如今东方白鹳在俄罗斯东部的阿穆尔河和中国边境的乌苏里江流域进行繁殖。繁殖季节以外，东方白鹳则在中国面临水源污染、栖息地被破坏和偷猎的威胁挣扎生存。在中国，有顾客愿意花大价钱来品尝一些濒危动物的肉，某些非法经营的餐厅就会在暗地里提供这些服务。2012 年，33 只东方白鹳在中国北大港湿地自然保

日本的一个人工饲养繁殖项目，在1985年开始启动时只有6只东方白鹳，但到2007年就已经超过100只了。

黄脸鹳是一种隐世而居的鸟,它们经常出现在沼泽低地森林和河水泛滥的沼泽平原。

护区被发现中毒。天津市野生动物救护驯养繁殖中心的工作人员挽救了 13 只鹳,并且将它们放回野外,但是剩余的鹳还是死了。调查人员认为这是偷猎者有计划的毒害行为,他们为了得到这些鹳并把它们卖给专门做违法买卖的餐厅。

在柬埔寨、马来西亚半岛和几个印度尼西亚的岛屿上,两种鹳也陷入了困境:少于 2000 只白鹮鹳和仅仅大概 500 只黄脸鹳还生存在野外。栖息地被破坏和人类的狩猎是鹳面临的最大威胁，现在大约只有 1600 只白鹳鹳和 400 只黄脸鹳生活在苏门答腊岛。鹳所生活的树林和湿地栖息地也面临着巨大的压力，这些地方都被转换成了棕榈种植园——这也是一项影响岛上其他所有野生动物的工程。棕榈油是一种很有价值的商品，白鹳鹳和黄脸鹳所居住的国家大约可以生产全球供应棕榈油总量的 85%。

城市化迫使白鹳离开了许多欧洲国家，但在东欧和中东地区还保持着一定的数量。尽管鹳的数量还不算少，但随着越来越多的白鹳因电线而触电，科学家和生态环境保护者的担忧与日俱增。最早针对这个问题的一项研究是沙特阿拉伯在 2008 年实施的。一个月内，研究人员就收集到了 150 具因触碰到电线而死亡的白鹳尸体。鹳在高处飞行，同时也会把巢建在很高的地方，在电塔顶上筑巢就要求鹳在回巢时必须不碰到电线，遗憾的是鹳天生的长腿和长长的翅膀使之成为一个挑战。

木鹳在 1984 年被列入了美国鱼类及野生动物

因为鹳在迁徙过程中依赖暖气流的推动作用，所以它们不飞越大海和大洋。

2014 年，作为美国仅有的 5 家饲养杂色鹳（如上图）的动物园中的一家，旧金山动物园的一只杂色鹳年龄超过了 35 岁。

管理局濒危物种名单。2014 年随着数量的上升，木鹳被重新分类为受到威胁的物种。栖息地的消失和水源污染是促使木鹳种群数量下降的主要原因。到了 20 世纪 70 年代，生活在美国的木鹳已经不超过 5000 对了；再到 20 世纪 90 年代，生活在墨西哥的木鹳也少于 3500 对。然而在 2013 年，美国政府建议将木鹳从濒危物种名单中移除，因为它们的数量又开始增加了。可能采取的保护措施将木鹳从濒临灭绝的边缘拉回，但是由美国的鱼类及野生动物管理局实施的研究发现，最主要的威胁仍旧存在。一对木鹳大概需要 200 千克的食物去养育一个家庭，但城市的发展使得湿地继续干涸或被污染，破坏了鹳的食物供给，导致鹳不能成功地繁殖。

鹳的保护工作开展于 20 世纪 50 年代，当时美国奥杜邦学会在佛罗里达州南部获得了 5000 多公顷湿地，特别保护了木鹳的聚居地。螺旋沼泽鸟兽禁猎区仍然是佛罗里达州为数不多的木鹳可以不受人类活动的干扰，进行正常繁殖的地方。在今天，人们正在努力减少对鹳栖息地的破坏，

修复湿地和在美国乔治亚州、南卡罗来纳州和佛罗里达州建立鹳的繁殖保护区。如果鹳要在一个不停地为它们的生存制造威胁的世界上生存，那么全世界的鹳都需要这种关注。

木鹳"没有羽毛、皮肤黝黑"的头部特征使它获得了"石头"和"铁头"的绰号。

动物寓言：鹳让鬣狗大笑不止

从人类最早期的交流开始，鸟类就成为非洲传说中不可或缺的一部分。许多鸟是解释事情为何会如此发展的故事中的角色。接下来的故事展示了非洲秃鹳在让鬣（liè）狗大笑不止事件中发挥的作用。

鬣狗是个狡诈的猎手，从来不会挨饿。事实上，它最为贪得无厌，常常吃超过自己充饥所需的食物。它想去哪儿就去哪儿，想吃什么就吃什么，没有人相信它。

很久前的一天，在心满意足地享用一顿小苇羚肉大餐后，鬣狗发现一根骨头卡在自己的喉咙里，它觉得有点痛。无论它如何抓挠喉咙，大口喘气，试图松动卡住的骨头，骨头都纹丝不动。

"来人帮帮我。"它叫道。但大家都心怀疑虑，继续躲在高高的草丛里。"从你们的藏身之处出来！"鬣狗大喊。"谁帮了我，我就对它口下留情。"鬣狗保证。

过了一会儿，侏儒鼠从草丛里爬出来："我来帮助你，但你一定不能吃掉我。"

"我不吃你。"鬣狗说。它张开嘴，侏儒鼠走了进去，不断往下，小老鼠终于挪到了那根骨头前。它抓住骨头往外拉，但还是难以撼动。小老鼠更加用力，但骨头还是不松动。最终，它猛地深吸一口气，终于挪走了卡住的骨头。鬣狗瞬间合上了嘴，把骨头连同侏儒鼠一起吞进了肚子。"这样比较好。"鬣狗说。

几周后，鬣狗发觉了一种似曾相识的疼痛——又有一根骨头卡在它的喉咙里。"关于侏儒鼠，我很遗憾，不论谁来帮我，这次我保证不会吃掉它。"鬣狗说，"我保证会对你全家口下留情。"

鬣狗等了很长时间，不断作呕，抓挠喉咙，都无济于事。又过了一段时间，沙鼠来到鬣狗面前："我来帮你，但你不要吃我。"

"我保证。"鬣狗说。于是沙鼠也走进了鬣狗的嘴巴。它发现了卡住的骨头，开始使劲往外拉。最后，骨头终于松动了。说时迟那时快，鬣狗的嘴巴又合上了，它把骨头和沙鼠一起吞食了。"我只是无法控制自己。"鬣狗说。

接下来的很长一段时间，鬣狗都小心翼翼地咀嚼食物中的骨头。但是有一天，当它在享用斑马肉时，又鲁莽地吞下了一根骨头，卡在了喉咙里。它又一次大叫着寻求帮助，但这次没有谁愿意再帮助它。

最后，非洲秃鹳实在不能忍受鬣狗的咆哮，同意帮忙。非洲秃鹳将头埋进鬣狗的喉咙，用它有力的鸟喙，抓住卡住的骨头，将其猛地拉出。鬣狗又一次猛地合上了嘴。非洲秃鹳及时将脑袋撤出了鬣狗的嘴，但它整个头上的羽毛全都留在了鬣狗的喉咙里。

这就是为什么非洲秃鹳的头上没有毛，而鬣狗现在止不住笑——因为秃鹳的羽毛整天整夜留在鬣狗喉咙里挠痒痒。

小词典

【人类学家】
研究人类演化历史的科学家。

【DNA】
脱氧核糖核酸。

【嗉囊】
肌性袋，位于一些动物和鸟类的喉咙附近，在消化食物前，用来储存食物。

【神话】
神话故事的集合，或者一些流行的，传统的信仰或故事，解释了一些事物的形成以及与其他人或物的关系。

【商品】
被用于交易的原材料或农产品。

【偷猎】
非法捕猎受保护的野生动物。

【瞳孔】
眼睛虹膜中心的圆孔，光线通过瞳孔进入眼内。瞳孔可以随着光线的强弱而缩小或扩大。

【绒毛】
鸟的一些没能互相连接的钩状毛，造成表面毛茸茸的。

【卵齿】
鸟类的喙或年幼的爬行动物嘴上的一个坚硬的牙齿状凸起物，专门用来逐渐扩大蛋壳裂缝的器官，以便雏鸟等用身体向上顶卵壳的钝端，使卵壳破裂而出壳。一般雏鸟出壳后数小时卵齿即脱落，只有鸮等一些鸟类保留一周以上。

【进化】
事物由简单到复杂，由低级到高级逐渐发展变化。

【食腐动物】
有些动物以落入土壤或水域的枯枝落叶、动物遗体或粪便为食，这种动物统称为食腐动物。

【恒温动物】
恒温动物是指鸟类和哺乳类动物，因为体温调节机制比较完善，能在环境温度变化的情况下保持体温的相对稳定。

【人工养殖】
人工饲养繁殖以及人工培育增殖野生动植物的过程。

【迁徙】
鸟类等动物为了觅食或繁殖周期性地从一地区或气候区迁移到另一地区或气候区的行为。

【动物学家】
研究动物及其生活习性的科学家。

部分参考文献

Goodfellow, Peter. Avian Architecture: How Birds Design, Engineer, & Build. Princeton, N.J.: Princeton University Press, 2011.

National Geographic. "Wood Stork." http://animals.nationalgeographic.com/animals/birds/wood-stork/.

Netherton, John. North American Wading Birds. Stillwater, Minn.: Voyageur Press, 1998.

San Diego Zoo. "Animals: Stork." http://animals.sandiegozoo.org/animals/stork.

Smithsonian National Zoological Park. "Meet Our Animals: European White Stork." http://nationalzoo.si.edu/Animals/Birds/Facts/fact-europwhitestork.cfm.

Urfi, A. J. The Painted Stork: Ecology and Conservation. New York: Springer, 2011.

注意:

我们力保以上罗列的网站在本书出版之际仍保持运营。但由于互联网的特性，我们不能确保这些网站能无限期活跃，也不能保证里面的内容不会改变。

*本书动物科学知识由浙江大学动物科学学院徐子叶女士审订。

通过鹳的行为变化，研究人员可以
发现可能会影响人类的环境因素。